何を今更
70歳からの物理談義

Shozo Goto

後藤章三

新潮社
図書編集室

目次

装画　二宮由希子
装幀　大森賀津也

表紙カバー　"しゃれでんがなー"の猫のつぶやき
「私は高齢、この本が出る頃生きているのか、いないのか」
「どうしてギター２本とブドウが同じなの？　掛けた費用のこと？
趣味の満足度のことかいな。

　　目方や嵩の話でも無いわねえ。不等（ぶどう）式では無いし。

　　単なる趣味の自慢かい。え！　右辺と左辺の意味が合わない誤等
式？」
「そう言えば私は猫、言葉はしゃべれんがー」

まえがき

　スマホ充電用のモバイルバッテリーを購入し、電圧だの容量だのを見ていてふと思った。電圧とは何だろう。

　オームの法則の式でも乾電池でも見られるので小中高生でも言葉は知っているだろう。

　しかし、これを計算式ではなく物（電子）の動きとして捉えると、"電子のどうなった状態が電圧に相関しているのだろう"、との疑問が湧いてくる。

　中高生ぐらいの記憶を辿ると、教科書では、電圧をダムの水圧に例えて説明してあったのではないか。

　当時私は、これは相当的外れな説明だと思った記憶がある。水圧での説明は、圧力の概念について説明を繰り返しているだけであり、電気の圧力とは何かについては全然説明になっていない。

　当時の私は、電圧のイメージは気圧の方に近いと思った。

　人生の残りも少ないかもしれない。今まで面倒でやり過ごしてきた事をスッキリ解決して逝こう、と思ったのかどうか、最近（50〜60年前と比べて）刊行された、とりわけ平易そうな書籍を図書館で借りて読み始めた。

　う〜ん。いまだに電子・電圧は私の期待する"目に浮かぶ様な動き"では解説されていないのではないか。

　この分野は、迂闊に持論を展開して非難を浴びる事を懸念

されている著者が多いのではないだろうか。

　人の仕事が気に入らなければ自分でそれをするのが道理と考え、素人ながら電子の解明に取り組んでみようと思い立った。するとそれは、疑問が疑問を呼び、あれよあれよという間に質量と回転の話にまで及んでしまった。

　科学的・物理的知識、知見が持ち出された時、我々はそれをどう解釈すれば良いのだろう。

・この人は言葉だけは知っている。
・この人は言葉の解説を求めれば、ウィキペディアあるいは AI 程度の説明ができる。
・この人は自分でそれを思いつき考える事ができた。
・この人は事の真偽を確かめるため、その試験法が適切であるか見極めた。
・この人はまるまる泰斗の知識の受け売りをしている。

　"知っている" レベルは書き出せばいくらでもあるだろう。自分はどのレベルで "知っている" を使っているのだろうか。

　定年後、同期入社の仲間との連絡が全く途絶えているわけではない。入社当時に親しくなった中の５名でメールのやり取りをしている。
　５名中３名が技術系、私ともう１名が文系である。私が70歳ぐらいまで物理を含め科学的な事柄は話題にされなかった。

　暇に任せてか、科学的な話題に移行するうち、私は"台風の風の強さと速度の関係の定説"について異論を出したが、反応はなかった。

　モバイルバッテリーの容量の説明をネットで読んで間もなく、突如浮かんだ電子についてのアイデア、それに連なり次々と浮かんできたアイデア・仮説、それらを小出しにしてヒントを加えながら同じ結論に至らないか試したつもりだったが、私の意図が伝わらなかったのか、やり取りは定説に終始したものであった。

　これでは議論が進まない、寿命が持たないと思い、この仲間内での自説の物理談義はやめる事にした。皆それぞれ抱いている確信が異なる。認知症も間もなくやってくるだろう。

　私は、本書で記述するいささか唐突なアイデアが、容易に受け入れられるとは思っていない。仲間とのやり取りでその心構えはできた。

　5名のメンバーの中で、奥さんがテレビに向かって吠えるのを見るのが嫌だ、と言う人がいる。

　私もテレビに向かって吠える。新聞や雑誌に向かって吠えるのは難しい。

　吠えるのは良い事ではないか。社会の問題の討議に参加し脳を活性化する。

　彼の奥さんは何に向かって吠えるのだろうか？

　・議論の展開が気に入らない。

・参加者（ＭＣ、コメンテーター）の中で好みに合わない男性がいる。
・参加者の女性が華美すぎる。

　テレビに向かってよく吠える私の実態を踏まえて、いろいろな理由が考えられる。

・ある参加者は、話題を盛り上げるため演技をしているかもしれない。
・世間の顰蹙を買わないように本音を出していないかもしれない。
・発言件数で存在感を出そうとだけ考えているのかもしれない。

　とにかく人の頭の中を窺い知ることは常人にはできない。
　定年後、四六時中テレビを眺め情報に接していると、年齢が進み自制心が無くなってくるのか、益々何事にも吠えまくるようになってきた。ニュースを見ても、天気予報を見てもドラマを見ても。
　物理的な解釈の違いなどどこにどう吠えればいいのか。世の中は実験・経験・知見の積み重ねで進歩している。基礎的・原理的な解釈の違いなどどうでもいいと言えばどうでもいい。

　生まれて70有余年、物理に関する事で文を書こうと思った事は一度たりとも無かった。今更原稿を書くのは〝ばかばか

しい"との思いは何度も浮かぶが、基本的と思われる事ながら幼少の砌 学んだ覚えが無く、自分でも気づかなかった事を今頃気づいて書き留めた。それだけでも意外と話題はある。すると当たり前の事に何故気づかなかったのだろうかと思えてくる。この平凡で当たり前に思える気づきは皆とっくに思いついて切り捨てた事なのか。

そうなるとやはり人は思いついた事を黙っているのは難しい。ありふれた与太話を今頃やっと思いついただけなのかどうなのか、と問いたくなる。

という事で、文系も理系も関係無いぐらいの一般的で素朴なテーマながら、世に問いたいと相成った次第。誰にも相談せずに結論を導き出すのに心許ない気持ちが全く無いわけではないが、死出の旅の恥は掻き捨て、汚して困る程の晩節も無い。

結局、人は各自の確信するものをベースに行動するが、

・通説に拘る性格か
・自分の感覚・確信に拘る性格か

という言い方もあるだろう。

本書は談義ではなく通説無視（無知）の独断議になっているかもしれないが、素人が妙な確信を持って物事を語るのはまま見られる事である。

物理諸理論の生前整理となるか新たなゴミ論の作出か。本に向かって吠えてもテレビに向かって吠えても伝わらないの

は同じ、本にして吠えるなら少しは伝わるかも。

- 老人隠居して不穏・不遜をなす。 ＊小人閑居して不善をなす
- 老人閑居して心不全をなす。
- 老人急死に一生を終える。 ＊九死に一生を得る
- 自愚想外（れ）る。 ＊ jigsaw puzzle
- 老人の頭の反応は遅延リアクション。 ＊ chain reaction
- 電子と光子の区別がつかない光子混同。 ＊公私混同

　私の本当の得意分野は言葉の遊びであろう。そして話題は一番苦手な電気関係のところからの開始となる。

筆者の物理感覚の基本

・空間は無限。中心点、基点、境界と呼ばれるものは存在しない。

　：無限の空間が舞台、素粒子が役者である。
　：ビッグバンは無限の空間の中の無限に小さい宇宙である。
　：空間が無限と考えると、質量のある物質も無限にあるだろう。

・質量のあるものの動きの基本は、直線（一方向）と回転（自転）の動き。

　：往復運動、周回運動、曲線運動などは、物質間の力のバランスに起因する。
　：エネルギーには、衝突のエネルギー（相対的）と質量のある物質が保持するエネルギー（内在的）がある。

・無から有は生まれない。有から無にはならない。質量のあるものは生まれも消えもしない。

　：物理は算数ではない。マイナスは存在しない。在る物（実在するもの）が現象を引き起こしている。
　：存在が確認されていないものの新たな発見の可能性は否定するものではない。

・距離・時間など、人が定義した尺度の目盛りは都合よく変えるべきではない。

古希のアイデア

試験・実験結果に基づく知見・方法、それから発展した諸科学・技術の理解は私の及ぶところではないが、素粒子レベルの常識には違和感を覚えるところがあり、私の考えを提示する。アイデアおよびそれに至る理由を簡単に示すが、直感頼りで根拠が示せないところもある。

電子の属性

・電子は回転（一方向の自転）でエネルギーを保持しているフライホイールである。

・電気回路において、電気が消費されたら電子が消失するのか？　それはおかしい。素粒子は消失しない。

・電子に電価のある何かがくっついているとしたら、それは新たな素粒子を定義する事になってしまい際限がない。

・素粒子である電子がどのようにしてエネルギーを保持し、どのようにしてエネルギーを獲得し、どのようにして失うかは予てより疑問に思っていた。

・蓄電の方法として、テレビで、フライホイールが紹介されているのを見て閃いた。電子は、物体の基本的な動きである回転と質量でエネルギーを保持しているのではないか。

　素粒子である以上、小さくても質量はある。回転以外にエネルギーを保持する物の動きを私は思いつかない。

・電圧は電子の回転数と密度に関係するものと考えれば良いのではないか。

・電子のエネルギーを他の電子に伝える力を、回転数に比例する磁力と想定する。移動するのは回転数であり、回転差が無ければ移動しない、と考える。

・電気が流れるように見えるには、電子間で回転を伝え合う力が必要と考えた。

・素粒子の性状、力は集合して身近なものとして現れているだろう。磁石、電流の用語から、磁力と考えるのが適当ではないか。この磁力は電子間の反力・斥力は想定していない。

・磁力は電子の回転軸に対し方向性があるものとし、電

13

子に纏わりつくイメージではないだろう。

・電子間に距離があり、磁力が届かない場合は回転は移動しない。

・回転による力の発生には回転のエネルギーを消費しない。回転のエネルギーが減少するのは回転差が移動する場合のみである。

・電子間の衝突・電子の集合を回避するのが回転の大きさに比例する磁界（磁場）と考える。

・回転体である電子同士が衝突しない、集合しない性状が必要と考えた。引力ばかりあって反発する力が無ければ素粒子団子になってしまう。

・従来の用語から、磁界（磁場）とするのが適当と考える。

・磁界は電子を包み込むように発生するイメージであろう。

・電子は極性（S極、N極）を持っている。

・磁石からの発想である。

・電子が自転しながら更にふにゃふにゃと回転すると、電子間で回転を伝える磁力の方向が定まらない。電子が一列に並ぶように働く力が必要ではないか。

・極性を考えれば船の舵のように方向を安定させる事ができ、他の素粒子との空間的な向き合いにも必要ではないか。元素において電子と陽子の数の相関が見られるので、電子と陽子の繋がりを持たせる事ができるのかもしれない。

・電子の回転が大きくなるにつれて方向がより安定し、よりスムーズに回転が伝えられるのだろう。

・電子の粒に予めS極・N極の位置が決まっているわけではなく、回転軸に対応して決まるのではないか。

・電気の伝わる速さは一定ではないと思われる。

・電子の粒が移動して回転を伝える場合、粒の移動はせずに回転を伝える場合、粒が移動しながら電子間で回転を伝える場合などを想定すれば、電気の伝わる速さ

は一定ではないだろう。

・電子が移動する場合は磁界の隙間を縫って進むので動きは遅いが、伝わりの速さではどうなるのだろうか。

・電子間の距離が長い時には大きい磁力（大きい回転数）が経由する電子に必要となるので、それぞれの電子の回転力アップの時間が必要となるだろうが、それは無視できるレベルであろう。

・ともかく、電気の伝わり方は電子の移動ではなく回転磁力によるエネルギーの受け渡しがメインであろう。

・感知できない電子が存在するであろう。

・電子の属性（回転による、磁力、磁界、極性）からの推論である。

回転数に制約は無いのだから、当然無回転か無回転に近い電子が存在しているだろう。
無回転の場合の電子の存在は引力でしか確認できないであろう。

・磁界の無い電子は素粒子（電子を含む）間の衝突・集

合が考えられる。

原子

・陽子は電子と同様、回転してエネルギーを保持し電子と同様の属性（磁力、磁界、極性）を持つ。
・中性子は回転の無い陽子と想定する。

・最近の素粒子論は承知していないので、筆者の中高生時代の用語で考えを展開する。

・原子は素粒子の引き合う力と反発する力のバランスで成り立っているので、電子に対応するには陽子も同様の属性が必要と考えた。

・中性子は物質中の透過性から、磁界が無くて反発し合わない性質、即ち無回転と推定。

・素粒子の回転は連続的であるので、中性子は完全無回転から陽子と見まがう程の回転のものまで様々ではなかろうか。

・陽子の回転数が均一かどうか、元素ごとに違いはないのか、ここでは判断できない。

> ・陽子と中性子の質量差は、中性子への無回転電子の集
> 積で説明できるのではないか。

・陽子と中性子は引力で集合し核を成している。
・陽子同士は磁界で反発し合うものの引力が勝り集合してい
　るであろう。
・陽子にはＳＮ極性があるので集合の仕方はランダムでは無
　いであろう。

原子核の部分と原子中の電子との関わり

・原子領域の電子は核部分の陽子・中性子と引力で引き合っ
　ている。
・陽子あるいは絡み合った陽子の磁界は、原子領域のすべて
　の電子の磁界と反発し合っている。
・電子の回転の向きは、陽子あるいは陽子が絡み合ったＳＮ
　極性に影響を受けている。従って電子の発する磁力の方向
　も影響を受ける。これは電子間の磁力の受け渡しのし易さ
　に影響するであろう。

> ・電子は原子核部分の回りを "お行儀良く衛星風に回っ
> 　ている" とは考えられない。
>
> 　核部分（陽子＋中性子）との引力と、陽子の磁界との

反発のバランス、陽子の極性とのバランス、の中で磁界の隙間を見つけ小刻みに揺れながら自転していると考える。

・原子の空間領域の広さは、領域内の電子の回転磁界が拡大すれば、原子核周辺の磁界は同じでも反発力が高まり電子が核から遠ざかり拡大する。原子の領域内の電子同士の反発力でも領域は拡大する。原子核から電子が遠ざかれば引力は減少する。
これは単原子の膨張とも言える。

・原子核内の回転していない素粒子には、回転していない電子も含まれる場合もある。中性子の数が多い場合は引力が多くの無回転電子を引きつけることが予想される。

・核エネルギーは、結局、陽子の回転エネルギーが電子に受け渡されて発現するのではないか。

隣り合う原子と原子

・物体の原子は他の原子に囲まれて、各原子との引力と斥力（磁界）のバランスで成り立っている。
　A・B２個の原子で考えれば、
：原子Aの核部と原子Bの核部が引力で引き合い、原子A

の電子と原子Bの電子の回転磁界で反発している。

：電子の回転磁界が大きくなれば、原子Aの電子と原子Bの
　電子間の距離も、原子A・Bの核間の距離も大きくなる。
　核間の引力は低下し結合は緩くなる。物体の膨張でもある。

：原子A・Bの電子の磁力の方向が合えば、回転差は移行し
　回転は平均化する。

・原子それぞれは陽子の影響を受けSN極性の傾向を持
　つが、通常は磁石以外の原子塊（物質）にSN極性は
　見られない。これは原子の方向が整然としておらず、
　各原子のSNが打ち消し合って物質全体としては極性
　が現れないとされる。

・物質が原子で構成されている事を考えれば、物質の破
　壊には、
　：原子核間の引力に逆らって（引力以上の力で）引き
　　離す。
　：電子の磁界を強力にして原子核間の引力を低下させ
　　る。
　の2通りが考えられる。

固相、液相、気相、熱

　前項の"隣り合う原子と原子"で述べたが、要は、電子の回転が増せばその原子の領域も広まり、電子間の反発で原子核間の距離も広まり、原子同士の結合が緩くなる。
　これは、
　・固体で言えば膨張
　・更に結合が緩くなれば液化
　・磁界の反発力が引力を上回れば気化
である。熱で物が膨張し、溶け、更には蒸発・気化する事を考えれば、熱とは電子の回転で引き起こされる現象の表現の仕方であろう。核のエネルギーを語る場合を除いては、熱の正体は電子と言って良いであろう。

　・火傷について考えてみる。これは、熱＝電子に対応しているか。

　生物的な感覚として、目（視覚）には光、鼻（嗅覚）には臭い分子、音（聴覚）には気体分子から鼓膜への振動の伝播、等が一般的な説明であろう。

　では火傷の熱いは。
　これは電子の回転磁界の拡大による分子間あるいは分

子そのものの結合の緩み・分解について、生物が抱く
感覚である。

・電子の磁界拡大により、物の膨張・分裂・破壊が生ず
る、という言い方もできるだろう。

・筆者は、50年ほど前にも熱の正体は何かと考えた。熱
子なる素粒子があるのかと。その頃読んだ科学関係書
物には熱に関する素粒子的な記述は見当たらなかった
と思う。

60歳以降にネットを検索したら、熱の振動説があった。
この説には一時納得したが、振動は現象であって、そ
の振動を起こす素粒子・力は何かを考える必要がある
と感じた。

・友人も熱についてはノーコメントであった。私は今や、
熱＝電子・電子の回転、で考える。熱で始まり熱の正
体を明かさない宇宙創成論があるとしたら、一体何を
想定しているのだろう。

・電子レンジの作用の説明で、調理される材料の"分子
と分子が擦れ合って熱が発生"とよく聞く。
この場合も、熱とは何か？　スカスカの原子・分子空

間の中で極めて体積の小さい素粒子がどう擦れ合う？
イメージが湧かない。

・熱とは何？　この回答には振動か擦れ合いが持ち出されるであろう。そして振動や擦れ合いの説明には熱が用いられるであろう。殿、お戯れを！

　気相について端的に言えば、固体、液体の考えの延長である。

　分子領域の電子の回転の高まりで電子の磁界の反発力が高まり、分子間の距離が格段に大きくなっている。従って、分子間の引力関係は無くなり反発のみの関係であるが、各分子が地球の重力で下方への力を受けているので上下の分子間の距離も反発力とバランスしている。四方八方バランスした押し競饅頭状態である。従って、気体の圧力は電子の斥力によるもので、巷間言われるところの"気体分子が飛び回り衝突する圧力"ではない。

・お湯を沸かす時に鍋底から気泡が上がってくる。気泡の中は水蒸気（気体）、気泡を取り囲んでいるのはお湯・水（液体）である。

　お湯が気泡の中に浸入しないのは、水分子の電子の磁界と水蒸気分子の電子の磁界が反発し合っているから

である。

圧倒的に数の少ない水蒸気分子の磁界と水分子の磁界が押し合ってバランスしているのは水蒸気分子１個当たりの磁界が強力だからである。

圧倒的に数の少ない水蒸気分子が気泡内で飛び交って、ことごとく都合良く水の分子にぶつかって押し返している、それで気泡が成り立っている、とは到底考えられない。

気化熱を考える

電子の回転増で固体→液体→気体の変化が説明できないといけないが、気体の場合は気化熱が大きく、分子間の距離も大きい。これをどう考えれば良いのだろう。

この気化熱については水の分子のイメージで考えると、
・水分子間の引力
・地球の重力
・すでに気化して空中に漂っている分子（窒素、酸素、水蒸気）の圧力（気圧）
が関係していると思われる。

液体表面の分子は、電子の回転増による磁界の反発で飛び上がるのだが、それには、
・水分子間の引力関係を無くし
・重力に逆らい
・先輩の気体分子の圧力を押しのける

レベルまでの電子の回転力アップが必要なのであろう。

気体分子は、電子の回転力が格段に高く磁界が広いので分子間の距離も広くなる。

表面張力を考える

幼少の時より耳にしてきた表面張力、これは特別な現象・特別な力なのだろうか。

ウィキペディアを見ると仰々しい説明があり、水滴の表面上に特別な膜が形成されているように扱われているのではないか。

すぐに頭に浮かんだのは、

・水分子が玉状になるのは基本的に水分子間で引力が支配していると考えれば良いのではないか。水滴は宇宙船の無重力空間でも丸い水滴のままであろう。
・気圧の低い高山では沸騰温度が低くなることから、温度次第で水分子は離散しやすくなるだろう。
・水滴を固いものの上に置けば、重力に負けて平らになる事にはならず、接地部分以外は丸を維持する。
・水滴を水に垂らせば水滴は水を押しのけて水面は平らになる。

水に関して思いつく事を列挙してみて、結局、水の分子間引力に着目すれば良いのではないか。水の温度が高くなれば斥力が強くなり引力が弱まり、重力に逆らえず、玉の形は維

持できなくなるだろう。気圧は、気体分子の磁界と水分子の磁界が反発し合って、玉の形を維持する方向で作用しているだろう。

　気相と液相の境界面に特別な膜？　材料は何だろう？　理屈は何？　作用する力は何？

・私は水分子間の引力については考えた事が無かったようだ。
　水を搔いて進むと言うことは、引力で集合している水分子間の引力関係を引き裂く事になる。水に飛び込んで衝撃があるのも水分子が引力で十分に固まっているからだろう。

・物質の液化し易さ・気化し易さは、原子間・分子間の引力関係が弱い事が主因であろう。

　引力が無ければ物は集合していないし集合しない、これが基本中の基本であろう。

気体分子は高速で飛び交っているか

　気体分子が秒速300mだの500mだのの速度で飛び交っている、との説は、50年ほど前には見られなかったのではないか。

　音は、振動物体がその表面近くの気体分子を押し、押された気体分子がまた隣の気体分子を押す、この連鎖で伝播するのではなかったか。

　波の分子群は少し距離を移動するだけで、斥力で隣接分子を押すので、個々の気体分子の移動距離は極めて小さい、とのイメージであったと思う。

　海の波も、個々の水の分子は同じようなところを少し行き来しているだけではなかったか。

　2019年に、"科学のあらゆる疑問に答えます" を読んでの事だと思うが、逆に疑問が増えた。

　気体分子が高速で飛び交っているとしたら、

・音の波が成り立つのか。
・部屋の換気はすぐできてしまうのでは。
・年寄りには足元に漂うエアコンの冷気は不快だぞ。
・臭いは何故すぐ拡散しないか（なぜオナラは漂う？）。
・過去にテレビで見た、飛行船ヒンデンブルグ号の水素火災シーンは爆発的では無かった記憶があるぞ。
・海にぶつかった窒素分子、酸素分子、二酸化炭素はどうなる？　海は広いぞ大きいぞ。水槽のぶくぶくは何故い

るの？

・風は、台風は成り立つのか？

・高気圧と低気圧、ものすごい勢いで混じり合わないか？

・そもそも高速で飛び交う理屈は何なのか？

・気圧を生み出す衝突の意味は？　分子の中の原子核のレベルでぶつかっているのか？　核の部分がぶつからないとしたらその理由は何なのか？　電子は飛び散ってしまうのか？

疑問は尽きない。

・議論仲間は、"周波数の高さが音の波を成り立たせている"との説明をするが、それは1秒間の音速距離の中での話、音速と気体分子の飛び交う速度が同じようなレベルでは音の波は成り立たないように思われる。

　気体分子が壁面に衝突するエネルギーで気圧を考えているのだとしたら同調はできない。

　気体はやはり"押し競饅頭式"に壁面に圧力をかけると考え、その圧力は壁面表面の電子の磁界と気体分子の電子の磁界との反発力、と考える。

・カセットガスなどの圧力との混同なのか？　気体分子

高速飛び交い論は現実的な事象との乖離が甚だしくはないだろうか？

・エネルギーを質量と速度による衝突由来だけと考えると現実と整合しないことになってしまうのだろう。原子・分子の立体的・安定的な構成は素粒子間の力のバランスでしかあり得ない。

私は今や電子の回転エネルギー論を唱えている。身近に感じられる事象を引き起こしているのは電子の回転エネルギーであろう。

光の正体とは、光の波は何故できるのか

・光は素粒子（光子）である事は疑いない。質量の無いところに現象は無い。

　忽然と光子が発生する、無から有が生ずる、事は無いので光子は電子と全く同一の素粒子であろう。電子で無ければ光子はどこからやってくるのか。

　　・密度の高い物質の中の呼ばれ方が電子
　　・物質密度の低い空間の中での呼ばれ方が光子（光）

　誰しもこう考えるのが普通ではないか。

・何故物質から電子（光）が飛び出すのか。

　物質の表面付近の電子は後方（表面から深い）の電子から回転磁力をもらっても前送りができない。回転は増し、磁界は拡大し、反発で空間に飛び出していく。このような極めて単純な原理ではないだろうか。

・では何故直線的に飛び出した電子（光）が波に見えるのか。

　これは、庭でホースを使って水撒きをする事を思い浮かべれば良いだろう。

　上下左右にホースを揺らせば水は波を描いて前に飛んでいく。

水の一粒一粒はただ真っすぐに前方へ飛んでいくだけ、集団で波に見える。波の幅は遠くへ行くほど拡大する（"定速と加速"の項参照）。

・では上下左右に揺れる力は何に由来するのか。
　物質全体が自発的に（他所からの力無しに）往復運動をすることはあり得ないので、これは物質の表面付近の高回転となった電子（追い詰められた電子）の磁界が強くなる事でより位置取りのスピードが増す一方で、重量のある核の部分が速やかに追随しないため生じる振動現象と考える。
　熱の正体は電子であるが、熱を振動と考える熱振動説が揺れる力のアイデアのきっかけである。
　表面付近の電子の回転が速ければ速いほど、物質表面の揺れ・振動は速くなる、飛び出す電子の周波数は高くなる、と考えるのである。

・電子の光学現象との整合性については電子の性質で見極める必要がある。

質量と回転

　電子に回転を認め、陽子に回転を認め、と進めていくと、初めから質量の回転に基づいて力（磁力、磁界、ＳＮ極）が発生する事を想定していたように思われるかもしれないがそうではない。あくまで、素粒子は回転でしかエネルギーを保持することはできない、との考えだけで出発したのだ。

　しかし、いろいろな素粒子が空間で力のバランスをとってある程度の安定度を確保する（原子、分子の形）には、素粒子に共通する強弱の違いだけの力が必要と考えた。それが質量と回転による力である。

　陽子と中性子の違いも回転の有無のみと考える訳である。

　ここで地球の地磁気、極性が思い浮かぶ。地球の地磁気は地球内部の流体の移動によるとのダイナモ説があるが、地球の質量と一日一回の回転で考える事はできないのか。電離層は外部からの粒子をブロックしているだけで、下層は磁界に覆われているのではないか。

　しかし、すべての回転物体に質量回転の力が生まれるとすると、電気を蓄えるフライホイールは規模を大きくすると磁力・磁界の発生で困った事にならないか。

　この疑問は解決できそうだ。原子の構造の一般論に従えば、原子はスカスカ、つまり質量部分は極めて体積が小さいのだ。質量は殆ど原子核の部分にしかなく、核の部分が密集してい

るブラックホールの物質と比べたら、比重はとんでもなく小さい（軽い）だろう。とんでもなく軽い物体は、その回転が高くても、その外殻を大きく超えるような強い力が発現しにくいのだろう。

　質量が引力に関わり、質量の回転が磁力（力の伝播）、磁界（素粒子間の反発力）、ＳＮ極性（素粒子の姿勢制御）に関わるとする考えが適用できそうに思える。

原子の中でのエネルギーのやり取りを考える

　電子も原子核を構成する重い粒子（陽子、中性子）も質量と回転の違いだけだとすると、原子の中でのエネルギー（回転）のやり取りも当然起こる。

　中性子が回転の無い陽子と考えると、中性子は何故回転の無いままなのかと言う疑問が湧く。

　これは中性子と陽子が引力でくっついていても、回転で生じる陽子の磁力が当たらない方向に中性子が位置しているからと考えれば良いだろう。陽子・中性子間で力を移動しない位置関係にあるものが今の元素の体系となっているのだろう。

・放射性物質の放射線で、電子が関わる放射線はこの陽子の磁力線の方向が微妙に電子の方向に向いていて、電子にエネルギーを伝播してしまう事で起こるのではないだろうか。

原子からヘリウム原子核相当の部分が剥がれるアルフ

> ァ線の発生の理由も知りたいところである。自然発生
> と 雖 も発生メカニズムはあるはず。

　質量の大きい陽子が、原子核内に溜まっている回転の無い
電子群に回転を与えれば、回転を得た電子は一挙に拡散し、
莫大な熱となるであろう。
　核反応のエネルギー源は陽子の回転エネルギーではなかろ
うか。

原子の塊（物体）から原子の素粒子へのエネルギーの伝播

　これは地球の自転が原子核内の素粒子のエネルギーに変化
をもたらすか、という質問でもある。
　もたらすだろうと考える。

　太陽や、自ら光を発する星の燃料は水素だとする。だった
らその水素はどこからやってきたのか。
　ブラックホールは燃え尽きた残骸の収縮したものだという。
だったらその燃料、水素はどこからやってきたのか。
　ここに水素を持ち出してくるのが非常に不自然に感じる。
水素の生成・大量出現の理由があるのだろうか。

　私には、燃料を捻出しなくても、回転を持たない中性子と
回転を持たない電子をベースに考えれば説明ができそうに思
える。

回転を持たない素粒子が出会えば、反発力は無く引力のみである。空間中に回転を持たない電子は無数に飛び交っている。少数の中性子に電子が集積する。集積すればする程引力は増し集積が加速する。電子の質量がいかに小さくても宇宙の時間は長い。

　回転のある電子（光）もこれに加わり、回転の無い電子にわずかに回転を分ける。

　小さい星屑も分解して原子的な領域空間を無くす。

　これが続けば続くほど巨大ブラックホールになるが、引力が大きくなればなるほど他の物体との衝突の可能性が高くなる。スカスカの通常の物体は大きく見えても破砕するなどして大した衝撃はないだろうがブラックホール同士なら両方弾き飛ぶか回転状態になるだろう。

　ここで私の言いたいことはお分かりだろう。ここで得た回転が、ブラックホールの物質に潜む莫大な電子に回転を与え、電子は光として飛散し始めるのである。電子の回転が大きければ引力で引き戻される事はない。

　これならば水素や燃料はいらないだろう。

　複数のブラックホールの物質がそれぞれ高回転を有する場合は回転磁界で衝突しにくくなるだろう。これはもはやブラックホールの物質自体を、質量が巨大な素粒子と見做せば想像できる。

・素粒子の回転、質量の回転は物理の根幹であろう。
　素粒子の違いは、その体積だけだろう。

無回転電子の集積

　回転を持たない電子は磁界の反発力を持たないので、回転を持たない中性子及び回転磁界を持つ陽子周辺に集積できる。

　これは我々の身近な原子・分子でも実際に集積しているものと考える。

　電子が光として流出していく以上、どこかで電子は補給されなければならない。

　この電子の収支を考える場合、回転を持たない電子及び回転の少ない電子の出番が必要と思われるがこのメカニズムは今のところ思いつかない。

・無限の時間と無限の空間の中で、周囲と比べて素粒子が特別な組み合わせで偏在したら、それはその理由を解明しないといけないだろう。

・ただ、素粒子そのものが存在する理由を追求しても回答の出る話では無い。どの素粒子も（サイズはともかく）無限の時を経て今がある。この世の素粒子が大量かどうかも人の頭が決められる事ではない。

中性子・陽子についての再考

　中性子を無回転・磁界無しと定義すると、陽子とは引力関係しかないので、即座に衝突してしまう事を失念していた。通常は、中性子は陽子から回転磁力をもらい陽子に近づくのであろう。回転力を与えた陽子の回転は減少する。両者の回転磁界は衝突を避けるレベルとなる。

　あれ、それでは中性子と陽子はどうして同居できるの？中性子と陽子がぴったりくっついたら陽子の回転はどうなるの？　すべての中性子が陽子から回転を与えられたら無回転の中性子は無くなってしまう。

　考えられるのは、無回転の素粒子・回転のある素粒子、要するに素粒子同士の接触のイメージは我々が一般的に持つイメージとは異なるのではないか、という事である。

　通常のイメージでは回転しているコマが他の物質に接触すればそれぞれが影響を受け動きが変わるだろう。荷重を支えるベアリングはどんなに滑らかに回転しても圧縮による電圧発生でエネルギーは損失するだろう。回転と無回転が接触してどちらも変化が無いことは考えられないだろう。
　比重が極めて重い中性子と陽子が接触しているとすれば、それは強い引力で容易に引き離せない接触の仕方であろう。それでも中性子は無回転、陽子は変わらぬ回転でいられるのか。

　思いついたのは、回転電子を含んだスカスカの原子と回転電子を含まないガチガチの素粒子の違いである。

　スカスカの原子は押され押し合うと原子領域が狭まり電圧が上がる格好になり電子のエネルギーは移動する。陽子・中性子の接触には電子の介在は無くエネルギーの移動も無い。陽子・中性子はどんなに強く接触しても、それぞれの動きに影響は無いと考えるのである。
　自転している陽子と静止している中性子が固く密着している、これは感覚的に慣れない世界ではある。

　……これだと引力優位で陽子同士くっついていても問題無いな〜。

定速と加速

　昔から漠然と考えていたのかもしれないが、70歳ぐらいで急に気になった。

　今見ている星や流れ星は、今まさにその方向にあるのだろうか？

　その天空の物体から地球までの間は距離があるのだから、今まさに見ているその物体はその位置から移動して、その位置にはいないのではないか？

　地球に光が届くのに要する時間分移動しているのではないか？

　天体に興味のある人にはつまらない疑問かもしれないが、筆者は即断しかねた。

定速を考える

　空間には上下左右は無いが、ここでは宇宙船ＡとＢが下向き平行に光を発するケースを考える。

図1

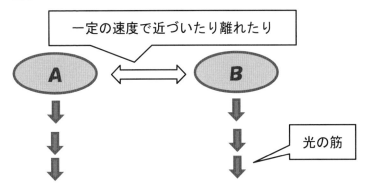

一定の速度で近づいたり離れたり

A　B

光の筋

　AとBは一定の速度で接近している場合も遠ざかっている場合も、空間の中ではどちらが動いているのか分からないだろう。

　AB間の距離が縮小あるいは拡大する場合

・Aが動いている
・Bが動いている
・ABとも動いているが、速度に差がある

など考えるだろう。しかしどちらが動いているのかは知りようがない。

　AとBは一定の速度で接近している場合或いは遠ざかっている場合、下向きの光はどうなるのだろうか？　光の筋は斜めになるのかならないのか。ABどちらの筋がどうなるのか。

これは現実に起こる事であるので確実に正解がある。正解は、ＡＢどちらの筋も真下に一直線でありＡＢ線の平行関係は変わらない、となるだろう。

　無限の空間の中では、定速では動いているのかいないのかは分からないので、光の筋はどこまで下を眺めても一直線である（加速度のある場合は一直線にはならない事は後で図解する）。

　Ａの宇宙船の方に目を据えるとＢの宇宙船だけが動いて見える。すると途端にＢの宇宙船の光が真っすぐ下に伸びていることが奇妙に見えてくる。

　Ｂの宇宙船に目をやるとＡの宇宙船だけが動いて見え、Ａの光の筋が真っすぐ下に伸びている事が奇妙に思えてくる。しかし真っすぐなのだ。

　人には厄介な先入観があるようだ。

　空間の中にあって発する光が一直線である事については
　"定速は動いていないのと同じ"

と覚えよう。これはどんなに小さな空間でも当てはまる。地上のどんな小さな部分でも宇宙の一部であり、宇宙の法則の例外とはなり得ない。

　地球に住む我々も、地球が宇宙の中でどのような速度で移動しているのかしていないのか知る由もなく、速度も感じない。無限の空間の中で無限に小さいビッグバンの中心からの速度は推定できるかもしれないが。

　図1の基本図を理解して、グラフを作成する場合の注意点を考えてみよう。

図2

・定速でAとBが離れて
　いくケースを考える。

図3

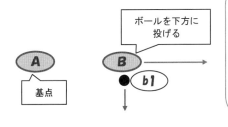

ボールを下方に
投げる

基点

・Aの方を基点として考え
　る。
・Bからボールを下方に投
　げる。
・ボールはBに比べ極めて
　質量の軽いものとする。
・ボールはBの船内から投
　げられ船内で加速し、船
　外では定速で遠ざかるも
　のとする。

図4

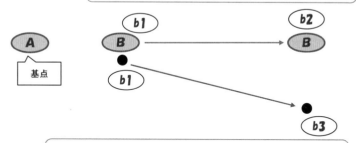

・Bがb1からb2に進んだ時、ボールの球筋はどうなるのか。

基点

・ボールはb1からb3に進んだと思うのではないか。実際そのように見えるだろう。

図5

・図1での説明を思い出してみよう。

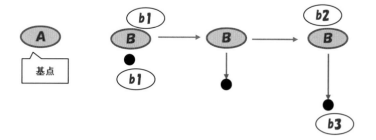

基点

・図４のようにはならないのがお分かりだろう。

・定速のＢから下方に向かったボールは、あくまで下方に向かっているだけなのである。

・図４はＡを基点にした途端におかしやすくなる間違いであろう。ＡＢが相対的に離れていくモーメントを足してしまったのである。

・本当の動きは図５であるのに、基点を定めて見ると図４のようにボールが斜めに動いていると思ってしまうベクトル思考、これが厄介なのである。

　ボールを光の粒子に置き換えると筆者が言わんとすることはお分かりだろう。

　天空は図４のような斜め移動をするように見える動きで溢れている。

　立体的な配置関係にあるものの動きは、どこを基点とするか、どこを視点とするかで見え方が変わってくる。動かないビルの建物を見るだけでも、見る位置が変われば様々に歪んで見えるなどする。

　平面に見える星空の星の奥行きも分からない。天文学には手が出ない。

・地上では、重力、摩擦、空気抵抗、限られた視界、などの中で現象を眺めることで人それぞれの物理感覚が

出来上がっている。

様々な力の影響を排除した空間での物の基本的な動きを考える訓練が必要ではあるまいか。

加速を考える

定速をより良く理解するためには加速を知る必要があると考える。つまり、加速する物体から発する光の筋は直線にならない事を示す必要がある。

筆者は、加速・加速度についてあまり考えた事が無かったので、50年以上も前の高校時代の記憶に照らし合わせながら、加速がある場合の光の筋の見え方を考えてみる。

・電車、エレベーター、などの乗り物の場合は、

加速→定速→減速

のパターンであろう。

・自然界で我々の目に見える現象としては、爆発・衝突などで引き起こされ、加速は、

瞬間の加速→定速

のパターンであろう。

・重力・引力、見えない力による加速・減速もあろう。

・宇宙船の場合は、電車・エレベーターと同様、加速→定速→減速が可能で、加速→定速も可能だろう。燃料が許せば加速をどんどん続けて、やがてはスタート地点から秒速30万㎞以上で離れていく事も理論的には可能であろう。

　ここでは宇宙船の"加速→定速"の一番平易と思われるパターンで、下に向けた光の筋がどう見えるかを考える。

　記憶を辿れば、
　　・加速度を積分したものが速度
　　・速度を積分したものが距離
であったはずだ。
　推進力全開でスタートし、いきなり推進力０にする。こうすれば加速度は時間の経過に対しフラットなグラフになり簡単そうだ。これで作ってみる。

　加速の区間の加速度を一定とすると、
　　・速度は一次関数
　　・距離は二次関数
となるはずだ。
　これを踏まえて、宇宙船が下向きにライトを向けながら一時的に加速して右方向に動く場合の光の筋のイメージ図をつくる。

宇宙船の加速のパターン

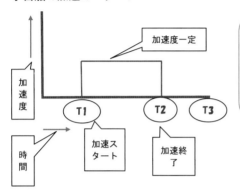

・T1、T2間が加速
度一定の加速期間。

・T2、T3間は加速
終了後の定速期間。

宇宙船速度のパターン

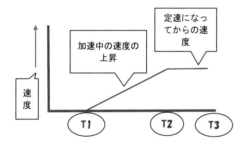

・T1、T2間の加速
度が一定なので速度
上昇は一次関数。

・T2、T3間は加速
終了後の定速。

宇宙船距離のイメージ

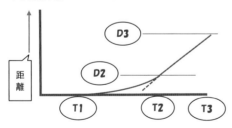

・T1、T2間は二次関
数。

・T2、T3間は加速終
了後で一次関数。

・D2はT2時刻までの
宇宙船の進んだ距離。

Ｔ１、Ｔ２間の光の筋のイメージ

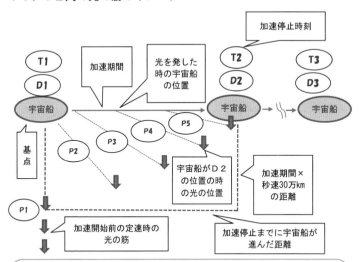

・これは宇宙船がＤ１からＤ２に到着した時点、つまりＴ２の時に見える光の筋である。

・理解を容易にするために、基点を設け、まず加速期間の下向きライトの光の筋がどう見えるかを示した。

・宇宙船がＤ１に近いほど速度が遅いので右方向のモーメントが小さい。

・宇宙船がＤ２の所にあるのに光はＰ１～Ｐ５にあるので、宇宙船の真下一直線状には並んでいない。

T１、T３間の光の筋のイメージ　？？？

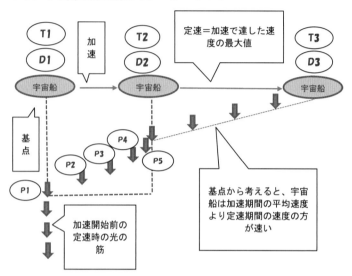

・これは加速期間の距離を固定し、定速期間の距離を足した場合の光の筋の見え方のイメージであるが正しいのだろうか。
出発点からの宇宙船の距離についてはこれで問題無いだろう。

・しかし定速の部分を見れば、宇宙船からの光の筋はひたすら下方一直線となるはずだ。
それに、P１からP５の光の基点から右方向の位置は、T２の時間の時のままでT３の時間では無い。本当の筋はこれとは違うのではないか。次に光の正しい筋のイメージを示してみよう。

Ｔ１、Ｔ３間の光の筋のイメージ（正）

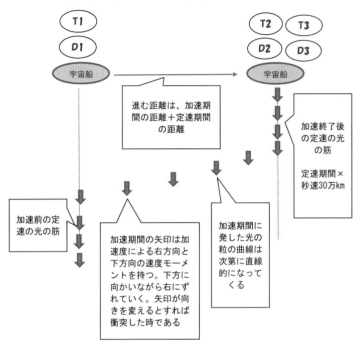

進む距離は、加速期間の距離＋定速期間の距離

加速終了後の定速の光の筋

定速期間×秒速30万km

加速前の定速の光の筋

加速期間の矢印は加速度による右方向と下方向の速度モーメントを持つ。下方に向かいながら右にずれていく。矢印が向きを変えるとすれば衝突した時である

加速期間に発した光の粒の曲線は次第に直線的になってくる

・定速の宇宙船からの光は真下の直線上にあり、加速度があると折れ曲がる。

・斜め曲線の光の筋の粒は加速期間に発せられたもので、発せられた時の速度のモーメントを持ち続けている。

・前の図と比べて、宇宙船の移動距離は同じでも光の筋は全く異なる。

・宇宙船が加減速すると電波の筋が変わるだろう。

加速度から波をつくる

　散水でホースを振れば水の筋が波に見える事は光の項で述べた。

　これは腕を振る度に加速・減速が生じているためだ。

　減速はマイナスの加速であるが、ブレーキをかける、宇宙船なら噴射を逆向きにするイメージである。

　左右に振る（往復する）ものから粒を発すればその波の筋をつくる事ができる。

　　左の端から→右へ加速→減速→右端で停止
　　右の端から→左へ加速→減速→左端で停止

　の往復パターンを繰り返して下向きに粒を発していけば、左右に開いていく粒の波の筋ができるので挑戦してみてはどうか。粒を発する物体は同じ所を行ったり来たりだが、粒は速度のモーメントを与えられているので振り幅は永遠に開いていく。光の場合は速度が速いので、開きの度合いは極めて小さい。

　粒（光子も含めて）は、集団で波の筋を描く。

　ここでは粒を発する物体の簡単な加速パターンと簡単な数値を用いて直線往復の1サイクルでできる粒の筋を示そう。

加速度のパターン（左～右の片道）

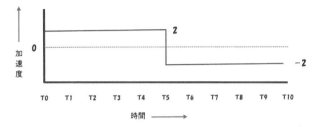

速度のパターン

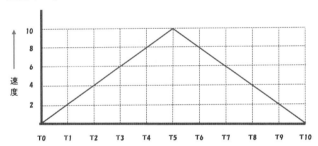

距離のイメージ

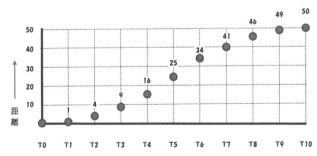

左→右移動から発する粒子の筋

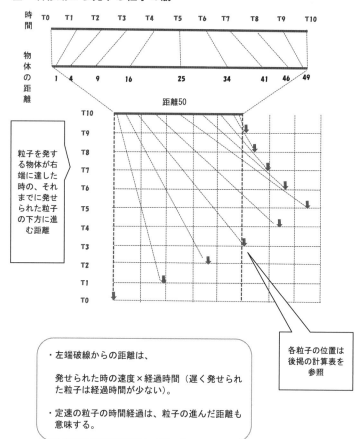

時間

T0 T1 T2 T3 T4 T5 T6 T7 T8 T9 T10

物体の距離

1 4 9 16 25 34 41 46 49

距離50

T10
T9
T8
T7
T6
T5
T4
T3
T2
T1
T0

粒子を発する物体が右端に達した時の、それまでに発せられた粒子の下方に進む距離

各粒子の位置は後掲の計算表を参照

・左端破線からの距離は、

　発せられた時の速度×経過時間（遅く発せられた粒子は経過時間が少ない）。

・定速の粒子の時間経過は、粒子の進んだ距離も意味する。

左→右→左移動から発する粒子の筋

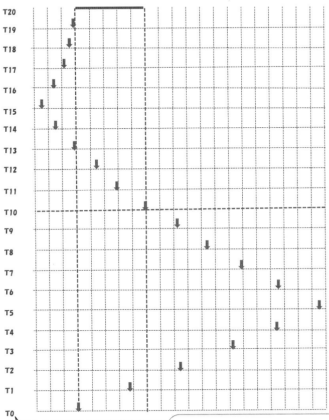

距離50

- ・粒子を発する物体が右端に達した時の発せられた粒子の下方に進む距離
- ・T0からT9は物体が左端→右端
- ・T10からT19は物体が右端→左端

- ・左右の往復を繰り返せば、物体が動く左端と右端の中間線を中心として波の筋を描く。
- ・光子の場合は往復幅は極めて小さく、下方への移動速度は極めて速い。

左→右→左グラフの計算表

	粒子発出時の物体による速度モーメント		粒子発出からの経過時間	粒子発出点からの左右振れ距離	粒子発出時の物体の左右距離	発出粒子の左右からの距離
	方向	速度a	b	a×b	c	a×b+c
T 19		2	1	2	49	51
T 18		4	2	8	46	54
T 17		6	3	18	41	59
T 16	右→左	8	4	32	34	66
T 15		10	5	50	25	75
T 14		8	6	48	16	64
T 13		6	7	42	9	51
T 12		4	8	32	4	36
T 11		2	9	18	1	19
T 10		0	10	0	0	0
T 9		2	11	22	49	71
T 8		4	12	48	46	94
T 7		6	13	78	41	119
T 6	左→右	8	14	112	34	146
T 5		10	15	150	25	175
T 4		8	16	128	16	144
T 3		6	17	102	9	111
T 2		4	18	72	4	76
T 1		2	19	38	1	39
T 0		0	20	0	0	0

右からの0は左からの50

・物質の動きは（他からの力の影響を受けなければ）直線と自転のみ。光の粒が波打って動くはずがない事を考えれば、しかも波の性質が見られるとすれば、

　・個々の粒は直進するが
　・連続して発射される集団の筋は波に見える

という事であろう。

・原子レベルの振動、より大きな物体の振動の加速度が波をつくる。
加速度を調節すればより滑らかな波形が得られるであろう。
物体の様々な振動の仕方、電子（光子）の飛び出す速度・回転数が、あらゆる電磁波をつくり出す。

加速と定速の足し算

　加速が絡んで、後から出た光が前に出た光を追い越す事はあるだろう。

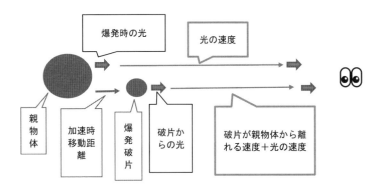

・光を見る位置が十分に遠方なら、破片が物体から離れる速度が効いて、時間的に後に発した光が同時或いは前に目に届く事が起こる。

・宇宙望遠鏡で見られるモヤモヤ映像もこうした光が入り混じっているのかもしれない。

・もとより、光を発する物体と見る目の間に近づいたり離れたりする関係があれば、光は秒速30万kmより速くも遅くも観測されるのである。我々の目にぶつかってくる光の速度は一定では無い。

直線的な動きについて、定速は動いていないのと同じ。加速度のある時が真の動き。

これは公理なのか何なのか？　幼少の砌、学んだ覚えが無い！

年の功の話題

台風の速度と風の強さは関係無い

60代半ばぐらいまでは、台風の渦の移動速度と風の強さは関係があるものと漠然と信じていた。

台風の成り立ちは、

・海上の水蒸気が上昇（気体水分子は酸素分子、窒素分子より軽く浮力あり）。
・その水蒸気は上空の冷気で凝結（液化）、気体分子の減少で負圧の発生。
・暖かい海上の水蒸気は更に負圧に吸い込まれ、更に勢いよく上昇。これを繰り返す。
・やがて竜巻のように渦を巻き、上昇の効率化となる。
・水蒸気の凝結の時に出る潜熱は負圧を弱める事になるので、台風の上空部分は潜熱の影響を受けにくい更に寒冷の方に向かう。

台風はこのように海上から上空までの暖気、水蒸気の一連の流れである。これは高校生までの知識で理解できる。

通常、台風として持て囃されるのは渦巻として見える部分であろう。

この渦巻で一番風の強い所は、渦の見えない巻き始めの所で、高度も低く、地上面に影響が出やすいと思われる。

台風の渦に見える部分が殆ど停滞していても、必ず一か所

渦の巻き始めはできる。渦の巻き始めの所が風が強いのは速度に関係は無い。そして渦の巻き始めが海上である事は終始変わりは無い。

そして台風の渦の強さ、風の強さを決めるのは、上空の負圧と海上の水蒸気の供給力である。一般に台風と思われている渦巻に見える雲は冷気に触れ始めに見られる雲に過ぎない。この雲がどのように動いて見えようが風の強さには関係が無い。

一般に台風と呼ばれる渦巻状の雲の速度は、海上から上空の冷気処に引いた斜線の角度が小さくなるにつれ増していくように見える。

台風は、海上から上空の偏西風辺りまでの長大なシステムであり、目に見える渦巻の雲は途中の一部である。

目に見える渦巻雲が去っても、海上と偏西風までの空気の流れが繋がっていれば、その流れに当たる所には風は吹き続ける。流れから外れた所は台風一過、晴れ上がる事にもなる。

"台風は高気圧の縁を回って"という表現が使われるが、これは台風が高気圧を嫌う意味では無い。水分をたっぷり含んだ高気圧は台風の大好物だ。押し迫ってくる高気圧を台風は食事にしているが食べきれずにバランスしているのだ。高気圧が弱まってくれば追いかけていく事になる。

台風が衰える原因の一つは、熱源である海上と、水蒸気を液化して負圧を発生させる上空の寒気・冷気との距離が長くなり、主要な水蒸気の流路部分に水蒸気の少ない空気の割り込みが多くなり負圧が減少する（負圧の発生が少なくなる）

事であろう。

　友人が台風をコントロールする術は無いかと言い出した。私は何となく、ドライアイスでも撒いて渦を冷やすんかい、と思った。熱量的に考えても到底無理だろうし地球温暖化にも貢献してしまう。そこで議論は止まった。

　今考えると、冷やすなら海の方でないといけない。上空を冷やしたら台風の勢力は増してしまう。なら、上空を暖める？　下手の考え休むに似たり。

図1

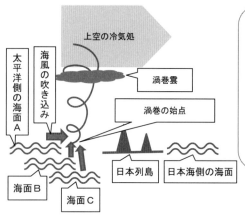

上空の冷気処

海風の吹き込み

太平洋側の海面A

渦巻雲

渦巻の始点

日本列島　日本海側の海面

海面B

海面C

・初期の太平洋上の台風。

・概して行方の定まらないノロノロ台風。

・渦巻雲の動きは殆ど無くても渦巻の始点付近の風が最も強い。

・渦巻の始点の上方の冷気で負圧をつくる。

図2

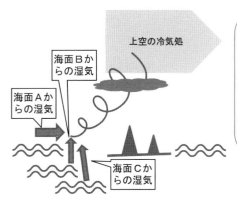

上空の冷気処

海面Bからの湿気

海面Aからの湿気

海面Cからの湿気

・台風の中期。

・熱源が太平洋上であるのは変わらない。

・熱源の上空では冷気が不足、より北に冷気処を求めていく。

・渦巻雲は上方の冷気処に従い動いていく。

図3

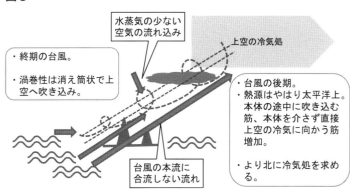

水蒸気の少ない空気の流れ込み

上空の冷気処

・終期の台風。

・渦巻性は消え筒状で上空へ吹き込み。

台風の本流に合流しない流れ

・台風の後期。

・熱源はやはり太平洋上。本体の途中に吹き込む筋、本体を介さず直接上空の冷気に向かう筋増加。

・より北に冷気処を求める。

雷

　よくある雷の説明図で、地面がプラスに帯電、雲がマイナスに帯電となっているのは分かりにくい。地面の方からエネルギーが空に向かっていくように思えてしまうのではないか。それと、雷が鳴る時、地面に変化が起きるの？　上空の帯電が距離を隔てて地上にどんな理屈で影響するの？

　最近（2023年7月10日頃）、雷雨があった。その時の気温は35℃ぐらいで、雷雨が去った後は25℃と一挙に10℃ぐらい低下した。気温の低い状況は翌日も続いた。激しい雨の継続時間は30分程度であったと思う。

　これからすると、上空に寒気が押し寄せてきて翌日も寒気が覆っていたのだろう。

　雷の起電は氷粒の擦れ合いが定説ではなかったか。竜巻では砂塵が擦れ合って閃光を発するとテレビで見たような覚えもある。氷を入れたシェーカーを振りすぎて感電した話は聞かない。何かの粒を揺らして発電する装置はあるのかしら。

　暖気に含まれたたっぷりの水蒸気は、少し回転磁界を減らされるだけで重力に耐え切れず落下を始めるのではなかろうか。水平方向で分子間の距離は確保できても上下方向の間隔は圧縮されるのである。

　この上下方向で密になった水蒸気の電子の回転密度は急速に高まる、つまり電圧が上がり気体分子間の距離でも電圧が伝播できるとは考えられないか。

　この時の電圧の放出（電子の回転の移行）が凝縮熱で、この凝縮熱は寒気に吸収されるが、一部が雷のエネルギーとなる事は考えられないか。
水蒸気の凝縮により生じる負圧に次々と新たな水蒸気と寒気が吹き込み凝縮を繰り返し、生じるエネルギーは大きいだろう。

　エネルギーの発生方法はともかく、電子のエネルギー（電圧）は、空中の比較的密度の濃い空気の筋を辿って地上に達する。遠くから光って見えるジグザグの筋は、通り道の気体分子から横に押し出された電子（光）である。光の筋が地面と平行に走ったり、雲の上空に向かったりするのも良く知られた光景であり、必ずしも下方に向かうものでは無い。
　雲と地上間の気体分子の電子の磁力の連鎖で地面に達した電圧（電子の回転エネルギー）は、地面の原子・分子の電子を高回転化し磁界の反発力を拡大させ、地面の原子間・分子間の距離を拡大させ、地面を揺らす。この時の地面の揺れが空気を震わせ落雷音となる。

　雷は電子が移動せず磁力で力を伝える典型的事象であろうと思い俄かに取り上げてみた。光子（電子）の粒として移動するなら雷の光の筋は直線だろう。

　"一雨来たら涼しくなった"、これは雨が地面を濡らし地面を冷やす事でそうなると漠然と思っていたが、何のことは無い、上空に寒気が来たら雲が湧き雨が降り、その上空の寒気

65

がその後も降りてくる事も多いのだと今頃気づいた。少し自
然現象に注意を向けると見方が変わり、考えることも増えて
くる。

地震

　20年ほど前ではなかったか、勤め先の避難訓練が、東海地震の発生を予知できるとの前提で行われていた時期があったと記憶する。

　その前提の避難訓練は数年続いたと思うが、また突発型に戻った。

　東海地震の騒ぎはいつの間にか終わり、その後、東南海地震へと世間の目は移った。東海地震を予知する前提の何かが崩れたのか、一体どうなったのだろう。東南海地震も何やら発生時期が予知できそうなニュアンスで報道されているようだ。

　1mぐらいの長さの薄板を、毎年1mmずつ左右から押していったら何年何か月後にバシッと割れるか予想できるとは思えない。木の種類、しなり、木目、乾燥度、といろいろ条件も複雑だ。

　海底はどうか。フィリピン海プレートが毎年数cm押してくるとして、海底の地形、岩石の層など考慮できたとしても、いつ、どこで、の精度は難しいのではないか。

　地震の発生時期が予測できる、との予断を与える事の問題が20年ほど前にもあった。

　私の奥さんの知人（複数）が、予知されるので家の補強対策はする必要が無い、と口を揃えていた事だ。命さえ助かれ

67

ば良いのだから、起こるかどうか分からない事にお金をかける事は無い、との考えだ。

　地震への備えは常に啓蒙すべきだろうが、予知の精度は誇張すべきでは無い。

地震のマグニチュード

　各地域での揺れを表す"震度"に対し地震のエネルギーを表すのが"マグニチュード"なのは世の人の知るところだが、私はこのマグニチュードの数字が意味するものを55歳ぐらいまで知らなかった。マグニチュード7と8の違いはいかほど？

　私は会社のパソコンで検索した。数字は対数表示されているようだ。対数も高校で習ったなあ。

　ここでは対数の表示はやめて、マグニチュードの差を入れるとエネルギーが何倍になるか、の式に置き換えよう。

　エネルギーの倍数＝$\sqrt{1000}^{\,x}$　あるいは　$1000^{\frac{1}{2}x}$となる。

　マグニチュードの差 x が1なら、約31.6倍
　マグニチュードの差 x が2なら、1000倍

　マグニチュード8が同時に起きてもマグニチュード9にはほど遠い。マグニチュード9にはマグニチュード8が32個分必要だ。マグニチュード8にはマグニチュード7が32個分必要だ。マグニチュード9にはマグニチュード7が1000個分必

要だ。

　我々庶民、凡人にはこの感覚が不足しているのでは。マグ
ニチュードの数字を聞いただけで分かった感覚になる。7同
士で同じくらいだ、8同士で同じくらいだ、の感覚で受け止
めているだけで、7と8が大いに違う事は知らない人が多い
だろう。

　このマグニチュードの数字の差とエネルギーの大きさの関
係についての説明は、最近はテレビでも時々コメントされて
いるが、まだまだ啓発不足と感じる。
　被害想定の前提になるマグニチュードの数字が変更になれ
ば、それは如何なる根拠か、それまでの根拠は何であったの
か、十分に確認・理解したいものである。

　ところで、地震発生時のマグニチュードの推定はどのよう
になされるのかは調べた覚えが無い。震源からの距離と震度
で推定するのかな。
　地中の岩石は押し競饅頭で圧迫され原子領域はわずかなが
ら圧縮されている。隆起は圧縮からの解放体積と考えれば地
震も物理っぽく思えてくるのではないか。

不沈空母から接合・密着

　数年前のテレビで、空母信濃の建造から沈没に至るまでの
ドキュメンタリーを見た。

　戦艦大和、戦艦武蔵と同様、信濃も不沈の呼称が与えられ
ていたようだ。何故不沈と呼ばれたのか、何故不沈なのに沈
んだのか、小さい頃から不思議に思っていたが特に調べてみ
ることはなかった。

　空母信濃の船体の鋼板の厚さは40㎝とされていたと記憶し
ている。魚雷に耐えうる設計ではあったが40㎝の鋼板を溶接
する技術が無かったとの事。鋼板の接合にはリベットを用い
たが、リベットは強度不足であった。

　分厚い金属の溶接を試みても、表面の一部が溶けてくっつ
くだけであろうとは想像できる。現在の技術では40㎝の溶接
は可能なのだろうか。

　思いつく接合方法は何だろう。

　接合面を原子レベルで平らに磨いて、両面を合わせる時に
隙間をつくらなければ、全く一体化するのではないか。

　しかし、容易に綺麗には磨けないし（磨くものと磨かれる
ものがくっついてしまう）、接合面を合わせる時にずれたら
一体化してしまっていて直せないし、これは無理だろう。

　この延長線上で、薄いポリエチレン袋がなかなか開けられ
ない事が頭に浮かぶ。

　これも原子、分子レベルでの引力と隙間との関係で考えてみるとどうだろう。

　ポリエチレン袋は薄ければ、内側は密着していて隙間は少ない。

　指とポリエチレン袋外側との接触は、指の指紋のデコボコで隙間だらけで引力が弱い。

　指を水で濡らすと指とポリエチレン袋との接触感が増す。これは水が隙間を埋めたからだ。水は固体に比べ引き合う力は弱いが、空間が間にあるよりは液体が間にあった方が指と袋の引っ張り合う力が増すので、開きやすくなると考えれば良いのではないか。

　摩擦の根源は、原子・分子レベルで考えると、反発する力を差し引いた引き合う力と言えるだろう。微視的に噛み合っている部分も、原子・分子の塊を引き裂くのに要する力、引力に打ち勝つ力という事になろうか。

山・川・水・トンネル

　自分でも驚くが、山が岩でできている事をはっきり自覚したのは、そんなに昔の事ではない。

　数年前のテレビで、"山を覆う雲が結露し、岩の割れ目に浸み込み、膨大な量の水を蓄えている"、とのナレーションがあった。

　これは、しばらく雨が降らなくても山の麓では安定的に水が湧き出し清流をなしている事、雨は大部分が山を駆け下り濁流をなすという事だ。雪の場合は岩の割れ目に浸み込む比率が高いだろう。

　何となく、山は石ころと土でできているイメージであった。これは災害時の風化した山肌が崩れる、堆積した土の崖が崩れる、といったイメージが沁みついてしまったからだろう。日本中の殆どの山は木で覆われているではないか。岩に木は生えないだろう、ぐらいの発想も手伝ったのだろう。

　"山は岩の塊"を意識してからテレビで山登りの番組を見ていると次第に納得してきた。木々は、岩が風化して砂や泥になったものが雨に流されず踏みとどまっている所や岩の割れ目に根を張っているのだ。雨の多い所では、土は流され、岩の割れ目と岩に生えた苔から水分を確保している所もあるようだ。

　岩の割れ目に蓄えられた水は、山のあちこちで湧き出し、また浸みていくものもあれば川の源流をなすものもある。

木々への水の安定供給にも大いに貢献しているのだろう。

　雨が少なく結露も少ない諸外国では禿山が見られるのも当然である。日本列島でも、岩の割れ目に水が蓄えられているにせよ、乾燥が続いたら、山火事・立ち枯れなど大変な事になるだろう。

　嫌われ者の台風も、ダムの渇水解消に大いに役に立っている例を何度も見ている。

　山体の大きさに比べ数十mの高さの木々は実に薄い皮膜のようで儚い気がしてくる。見上げる木々がいかに巨木に見えても、生存は山の貯水力と雨量次第であり、行く末が安泰とは限らない。

　岩の割れ目がそんなにも水を貯められるのか、と思う人もいるかもしれないが山裾からは多くの冷たい清流が常に流れている。

　富士山の裾野の柿田川湧水に至っては、砂の下から水が湧いている小さな池から数百m南に歩くと結構な川幅と水の勢いが見られる。ここだけで日量百万tぐらいの湧出量で、しかも今湧き出しているのは何十年も前に富士山に浸み込んだ水という。山は実に巨大な水瓶なのだと実感する。

　山は基本岩でできていると意識すると、トンネルに対する安心感が増してきた。以前は崩れて生き埋めにならないか不安であったが、山が岩であれば多少の割れ目、ひび割れが存在しても、山と比べて細い穴をあけただけのトンネルが山に押しつぶされる事はないだろう。山際の道を走って崖崩れに遭うよりずっと安全ではないか。トンネルの崩れるイメージ

は掘削時の落盤事故などから来ているのであろう。

　新東名の広く明るく天井板の無いトンネルを夜間に走ると、トンネルの方が前方が見やすく安全・安心で有難く感じる。懸念が残るとすればトンネル内火災かな。

　いや、待て。深い所でトンネルを掘ったら、圧力から解放された岩石が（わずかながらも）膨張し押しつぶされないか。凡人はいつまで経っても結論には至らない。

　まあ、運転を誤って事故死する事を考えたら、夜間明るいトンネルの方が安全だろう。

　2023年4月に中部縦貫自動車道の新しい開通区間のトンネルを通ったら、片側一車線の道路ではあるが、対向車線との仕切り壁がしっかりしているように見えて非常に安心感があった。今後開通するトンネルが楽しみだ。

補足、思いつき、頭の整理など

（本書での素粒子）
・質量で分けて２種類である。
・質量大で回転のあるものが陽子、回転の無いものは中性子。
・質量小で物質中のものを電子と呼び、空間にあるものを光子と呼ぶ。

（本書での素粒子の力）
・引力：質量に基づき引き合う力。
・磁力：質量の回転に基づき増減し、素粒子の回転を伝達する（力）。方向性がある。
・磁界：質量の回転に基づき領域が拡大・減少し、磁界同士は斥力となる。
・極性：質量の回転に基づきＳＮ極性が強くなる。磁石のＳＮ極性。

これらの力の発現にエネルギーの消費は無い。

（フライホイール）

・はずみ車の意味で使われるが、テレビで蓄電する回転体の意味で使われていたと思うので、この言葉を使用した。

（光の速度）

・物質から発出された電子が物質から離れていく速度。どんな条件でも発出速度が一定になるのかどうか。

・物質から電子（光子）が飛び出す場合、必ず加速期間はあるので、飛び出しから短い距離・時間で測れば平均速度は遅くなる。

（陽子の回転数の均一性）

・回転できる素粒子の回転数が均一になる理由があるのだろうか。元素ごとに異なるのか？　原子内でも異なるのか？

（電圧）
・電圧に対応するのは電子の回転数の密度であろう。
・回転密度が高ければ、空隙があっても、その磁力は空隙の向こう側に届く。
　回転密度の高まりで急に空隙の向こう側に届くようにもなる。
・エネルギーが移動するのは回転数密度に差があるから。

（電気の＋－）
・電流はプラスからマイナスに流れ、電子はマイナスからプラスへ移動するとする説明は凡人を混乱させる。

（正電荷、電流）
・正電荷（陽子の電荷）の動く向きを電流とする表記も、エネルギーの運び手が電子と考えると複雑怪奇。

（化学分野への展開）
・化学反応ごとの素粒子的解釈は容易ではなさそう。

（法則）

・それ自体の発見は素晴らしいが、見方を変えればそれ以上の掘り下げを断念しているとも言える。法則の更なる掘り下げは、知的好奇心に溢れた人には宝の山ではないか。私には知的好奇心はないけれど。

（破壊）

・引っ張って原子核間の引力関係を無くすか、引力を上回る斥力で引力関係を無くす事。

（壊れる、劣化）

・原子が引力と斥力（磁界の反発力）のバランスで成り立ち、隣り合う原子同士も引力と斥力（電子の斥力・磁界）で成り立っていると考えれば、破壊・劣化は殆どすべて電子の磁界の増大（電圧の上昇）により引き起こされると考えられる。

・割る、割れるは引力関係が引き裂かれる事であろう。

（押す、電圧）

・押す側、押される側の表面辺りの電子の反発で、双方、原子レベルで領域が縮む。回転数密度の上昇、即ち電圧の上昇になる。

・高い電圧は電子（電磁波）の放出になる。

（擦る、電圧）

・押す側、押される側の接触部位が連続的に移動。接触部分は電圧の上昇になる。

・高い電圧は電子（電磁波）の放出になる。

（太陽光発電）

・太陽光パネルの原子・分子領域内に光子（速度を持った電子）が入り込んでくるのか、パネル表面電子の磁界で逸らされてしまうのか、入り込んだ光子がどこかの電子を押し出して光として発散させてしまうのか、パネルの温度によって変わってくるのか。

（電導性）
・原子間でエネルギーが伝わりにくいのは電子間で磁力の方向が合っていないからであろう。
・純水が電気を通さないのも隣り合う水分子の電子間での磁力の方向から説明できないだろうか。

（半導体）
・一定の電圧以上で通電するようになるのは磁力が空隙を隔てて届くようになるからであろう。

（電子のエネルギー準位）
・計算式には光の速度が入っているのではないか。これも衝突のエネルギーを電子のエネルギーの根源に考えているのだろうか。

（フェーン現象）
・水蒸気を含んだ風が山を越え、乾いた空気が山を下る。水蒸気の気化熱に相当する凝縮熱の影響の記述は目にしない。温度上昇への寄与は低いのだろうか。

（気化の温度）
・低い温度で気化するのは原子間・分子間の引力が弱い
　からであろう。引力が弱くなる理由は説明されるべき。

（酸素と窒素と燃焼）
・酸素で物が燃える説明を酸化作用の言葉で終えるのは
　物足りないのではないか。素粒子レベルで何がどうな
　るのか教えて欲しいのではないか。

（車と定速）
・道路を走る車の定速が宇宙空間での定速である事は、
　重力をだんだん小さくしてイメージしていけば容易に
　理解できるだろう。エレベーターの定速もしかり。
・定速にモーメントを与えてはいけない。モーメントは
　加速で得られる。

（熱）
・熱現象を起こすのは素粒子の回転エネルギー。

（プラズマ）

・状態を引き起こすのは熱とされるが、例によって熱とは何かの説明が無い。まさか振動？
　低温プラズマと言う言葉も耳にするなあ。

（空隙のエネルギー伝達）

・電子の回転磁力の届く距離が空隙を超える（電子の移動無し）。

・電子が空隙を超える（光と同じ）。

（擦った下敷きに髪の毛が逆立つ）

・まだ説明が思いつかない。髪の毛同士の電子の反発？

（円運動）

・円運動は感知できる動き。

（空間は無限）

・これに確信を持てない人もいるようだ。壁も現象も何も存在しない空間に素粒子のみが存在することを意識しよう。

（素粒子の存在）

・素粒子が無ければ我々も存在せず無限空間のある事も認識できないが、無限空間はあるだろう。

・素粒子が何故あるのかは絶対に解答が得られない問いである。算数好きはプラスマイナスでつくり出そうとするかもしれないが、何故あるか、何故できるかの解答は得られない。

・素粒子の大小感は相対的なものであり、とにかく"有る、存在する"という事を受け入れるべきである。無いものを寄せ集める事はできない。

（絶対零度）

・マイナス273℃の原子はどんな状態を想定しているのだろう？　核と離れた電子の状態を保っているのか、斥力を無くして素粒子団子になっているのか？

・熱力学には無知であるが、熱を素粒子的には何と捉え

ているのだろう？

（浮遊中性子）
・早晩、引力でどこかの原子核に入り込んでしまうだろう。

（放射性物質）
・陽子が格段に高い回転力を持っている、電子に影響を与える方向に磁界が向いている、とか理由は何が考えられるのだろう。

（引き合う力）
・質量の回転論では引き合う力を引力とＳＮ極性と考え電荷とは考えない。

（エネルギーの考え方）
・エネルギーを衝突式だけで考えるのは論外であろう。電荷の考え方自体が内在エネルギーの考え方であろう。

（電荷の考え方）
・陽子と電子の間の斥力は何か、物理未熟者の私は不勉強であるが、斥力が無ければ素粒子団子となるのではないか。

（加速度を経験した星）
・光の筋が変わるので突然現れたり消えたりする事が起こるかもしれない。

（本書について）
・物理未熟者につき不適切な用語使いがされていればお許し願いたい。
・図版等を多用して目に浮かぶような動きで表現すべきところ、文章過多を痛感。電線の中での電子がエネルギーを伝える様子、エネルギーを損失する様子など図解できれば自らの理解も深まるであろうが何分にも力不足。フレミングの右手・左手の法則の電子レベルの説明もどうしたものか。
・表紙の猫のつぶやきは、物理式への警戒の呼びかけ。

あとがき

　本書の原稿を書き始めた2023年の春頃は、

・電子の回転論
・光の波のつくり方
・相対性理論の錯覚指摘
・台風の速度と風の強さの話

　ぐらいしか話題がなく、"本のボリュームが確保できない"と感じていたが、書き進めるに従い話題も湧いてきて小誌にできた。全体を見渡してみると、"質量の回転がエネルギーの本質"とのアイデアが一番重要ではなかろうか。
　物事は真剣に考え始めたら解決するまで頭が休まらないので、残りの人生をのんびり楽しもうと思えばこれくらいでやめておくのが適当であろう。
　私がこの頃つくづく感じるのは、政治・経済・宗教については人それぞれ考えが異なるであろうが、科学的な事でも思っていた以上に見方・考え方に隔たりがあるという事だ。科学的知見についてはある程度信頼できると漠然と思っていたが、何だったんだろう。
　実験結果・観察結果・試行錯誤に基づく法則・知見から出発すれば本物の技術開発に繋がるが、そうでなければただの空想ゲームだ。
　私が生まれてこの方、技術の進歩は、特に電子関連の分野

で著しかったが、基礎的な物理学の方は中世の宗教学の分野
に後戻りしそうな気配ではないか。

　　・それでも電子は回っている。
　　・それでも私の頭は空転している。
　　・それでも空転頭は回らない頭よりましだ。

　衝突盲信（猪突猛進）を避け、高齢者はくれぐれも、"愛
飲酒多飲"を慎みましょう。今からでも人生経験を活かし、
納得できなかった問題に取り組んでみては。
　尤も、現状の物理解釈に満足している諸賢はそのまま逝か
れた方が幸せかも。
　あとがきの締めで言葉の遊びをもう一つ。

・木偶（でく）鈍（のろ）爺（じい）の○○ポは著しい。
＊テクノロジーの進歩は著しい

　本書の発行にあたり、"そろそろ頭を使ってみては"と執
筆を勧めてくれた奥さんと、適切なアドバイスを頂いた新潮
社文化事業部図書編集室の橋本さんに、この場を借りて感謝
申し上げます。

最近読んだ理系書籍

　本書の文章・図では他の書籍から引用しているものは無いが、知識面では大いに助けられているので、最近読んだ入門的書籍名を下記に掲げる。

（　　　）内は読書時期

『あの元素は何の役に立っているのか？』左巻健男　宝島社新書　2013年12月（2015年12月）

『SUPERサイエンス 身近に潜む危ない化学反応』齋藤勝裕　シーアンドアール研究所　2017年2月（2017年8月）

『科学のあらゆる疑問に答えます』ミック・オヘア編著／水谷淳・訳　SBクリエイティブ　2017年1月（2019年7月）

『美しい光の図鑑 宇宙に満ちる、見えない光と見える光』キンバリー・アーカンド、ミーガン・ヴァツケ／平谷早苗・編集、Bスプラウト・訳　ボーンデジタル　2016年3月（2019年7月）

『イラストレイテッド 光の科学』田所利康、石川謙／大津元一・監修　朝倉書店　2014年10月（2019年7月）

『電子デバイス』矢野満明他　産業図書　1997年4月（2019年8月）

『最新半導体のすべて』菊地正典　日本実業出版社　2006年8月（2020年1月）

『トコトンやさしい磁力の本』山﨑耕造　日刊工業新聞社
2019年3月（2020年1月）

『トコトンやさしい光触媒の本』垰田博史　日刊工業新聞社
2002年2月（2020年8月）

『トコトンやさしい電気の本（第2版）』山﨑耕造　日刊工業新聞社　2018年7月（2020年9月）

『トコトンやさしい太陽エネルギー発電の本』山﨑耕造　日刊工業新聞社　2010年8月（2020年10月）

『トコトンやさしい発電・送電の本』福田遵　日刊工業新聞社　2014年7月（2020年10月）

『トコトンやさしい太陽電池の本（第2版）』産業技術総合研究所 太陽光発電工学研究センター編著　日刊工業新聞社
2013年10月（2020年10月）

『トコトンやさしい実用技術を支える法則の本』福田遵　日刊工業新聞社　2013年10月（2020年10月）

『トコトンやさしいレアアースの本』西川有司他／藤田和男・監修　日刊工業新聞社　2012年8月（2020年11月）

『イラスト・図解 基本からわかる電気の極意』望月傳　技術評論社　2000年8月（2020年12月）

『イラスト・図解 小型モータのすべて』見城尚志、佐渡友茂　技術評論社　2001年5月（2020年12月）

『トコトンやさしいレーザの本』小林春洋　日刊工業新聞社
2002年6月（2020年？月）

『イラスト・図解 機械を動かす電気の極意 自動化のしくみ』望月傳　技術評論社　2004年7月（？）

『トコトンやさしい電磁気の本』面谷信　日刊工業新聞社

2016年10月（2021年2月）

『トコトンやさしい蒸気の本』勝呂幸男　日刊工業新聞社　2016年7月（2021年2月）

『イラスト・図解 太陽電池＆太陽光発電のしくみがよくわかる本』PV普及研究会／山口真史・監修　技術評論社　2010年7月（2021年3月）

『トコトンやさしい電気化学の本』石原顕光　日刊工業新聞社　2015年9月（2021年3月）

『トコトンやさしい水素の本（第2版）』水素エネルギー協会　日刊工業新聞社　2017年11月（2021年3月）

『トコトンやさしい2次電池の本』細田條　日刊工業新聞社　2010年2月（2021年3月）

『トコトンやさしい錆の本』松島巖　日刊工業新聞社　2002年9月（2021年4月）

『トコトンやさしい表面処理の本』仁平宣弘　日刊工業新聞社　2009年8月（2021年4月）

『トコトンやさしいプラズマの本』山﨑耕造　日刊工業新聞社　2004年7月（2021年5月）

『トコトンやさしいセラミックスの本』日本セラミックス協会・編　日刊工業新聞社　2009年5月（2021年6月）

『トコトンやさしい核融合エネルギーの本』井上信幸、芳野隆治　日刊工業新聞社　2005年7月（2021年6月）

『トコトンやさしい発光ダイオードの本』谷腰欣司　日刊工業新聞社　2008年1月（2021年9月）

『トコトンやさしい静電気の本』静電気と生活研究会・編著／高柳真・監修　日刊工業新聞社　2011年5月（2021年？月）

筆者、定年（60歳）後の趣味生活

・エレキギターの練習

　電子とは人一倍縁があったのだ。中学２年に始め、現在の練習時間は毎日１時間。曲筋は当初ベンチャーズ、現在は昭和歌謡。経歴の割に上達は見られず才能に欠ける。

　暗譜ができなくなり楽譜が見えにくい等、困難が増加中。

・ブドウの栽培

　35歳頃から始め、一時種類集めに関心があったが、現在は淘汰されて８種を栽培。収穫量は毎年50kg程度。屋根付き（雨除け）無農薬栽培。

　ブドウスカシクロバ、ブドウトラカミキリ、ヒメヨコバイなどの害虫、ウドンコ病、鳥の果実食害に悩まされ最も手間のかかる趣味。奥さん（嘉津枝さん）の手伝いが無いと成り立たない。

　栽培品種は、アルゼンチンシードレス、チャナー（乍那）、マスカット甲府、マスカットオブアレキサンドリア、ユニバラセブン、ピンク（当家呼称、品種名無し）、ミニ甲斐路、マスカットノワール。

・撮影目的の旅行

　撮影対象物は、

　・神社仏閣の楼門……定年後約300か所訪問

・神社仏閣の塔（三重塔、五重塔、多宝塔、大塔）

・日本庭園（池泉庭園）

・城郭、城跡（英国の城跡は定年前に20か所訪問）

・巨木

・その他、武家屋敷通り、名水百選など

　奥さんが撮影とスケジュール記録係。私は被写体。

　これは一見お気楽な趣味と思われがちだが、インターネットで対象を洗い出すのにかなり手間を要する。また対象地にいかに低予算で安全で効率良くアクセスするかに知恵がいる。お寺は山間部にも多いのでグーグルのストリートビューで事前に道幅を確認する必要があるし街中の駐車場所も確認しておく必要がある。

・木工

　建設端材や庭の剪定木を利用した室内用小物、室外用花台、椅子等の作製。ブドウの作業の無い時期の趣味と言える。鑿、鉋 などの工具を眺めて満足する気配も窺える。

・駄洒落の創作

　会社勤めの初めの頃からオヤジギャグを発していた記憶があるが、メモに残し始めたのは70歳頃から。お下品なものを含めて1000〜2000程度あたためているが最近はネタ枯れ。

・アウトドア

　40歳から50歳頃まで家族で楽しんだがその復活を目論む。

コロナ給付金で新たにテントを購入しキャンプ用品集めが復活。新テントの組み立て練習に奥さんとデイキャンプに出掛けたが気温35℃に早々に退散。ゆっくり星空を眺めたい。

　電源の無いサイトで電源をどうするか。昔のガスランプは使いたくない。ＵＳＢでバッテリー充電できるポータブルソーラーパネルを買おうかどうか。

ラブちゃん。女性。2004年4月頃生まれ。
名前の由来はハート型の鼻。
2004年11月に保護猫ボランティアさんより貰い受け、
以来私共は癒されまくり。
撮影日　2023年12月25日

後藤章三（ごとうしょうぞう）

1950年（昭和25年）　　愛知県生まれ

何を今更
70歳からの物理談義

著　者　後藤章三

発行日　2024年5月30日

発　行　株式会社新潮社　図書編集室
発　売　株式会社新潮社
〒162-8711 東京都新宿区矢来町71
電話　03-3266-7124

印刷所　錦明印刷株式会社
製本所　加藤製本株式会社

ISBN978-4-10-910279-7 C0095